Bibliografische Information der Deutschen Nationalbibliothek:

Die Deutsche Bibliothek verzeichnet diese Publikation in der Deutschen National-
bibliografie; detaillierte bibliografische Daten sind im Internet über http://dnb.d-
nb.de/ abrufbar.

Impressum:

Copyright © 1983 GRIN Verlag, Open Publishing GmbH
Druck und Bindung: Books on Demand GmbH, Norderstedt Germany
ISBN: 9783640675623

Dieses Buch bei GRIN:

http://www.grin.com/de/e-book/155103/erdbeben-ein-beitrag-zu-charakterisierung-
ursachen-und-forschung

Roland Engelhart

Erdbeben - Ein Beitrag zu Charakterisierung, Ursachen und Forschung

GRIN Verlag

Roland Engelhart

Erdbeben

Inhaltsverzeichnis

1.   Erdbebenereignis von San Francisco 1906

„Am frühen Morgen des 18. April 1906 spürten einige Bewohner von San Francisco ein schwaches Erzittern des Bodens, das von einem dumpfen unterirdischen Rollen begleitet war. Nach einer Minute steigerten sich die Erschütterungen und schreckten die Bevölkerung der kalifornischen Küstengebiete aus dem Schlafe auf. Nun folgte eine Reihe anfangs äußerst heftiger, dann allmählich nachlassender Stöße. Das ganze Beben umfaßte einen Zeitraum von 3 ½ min, aber es genügte, um San Francisco und eine Anzahl benachbarter kleinerer Städte teilweise in Schutt zu legen. Gefühlt wurden die Erschütterungen mit abnehmender Stärke noch auf einer sehr viel größeren Fläche. Auch die Schiffe in der Nähe des Landes erhielten Stöße, als ob sie über ein Felsenriff hinwegglitten. Schwankungen des Meeresspiegels und Flutwellen (seismische Wogen, Tsunamis), die bei anderen Küstenbeben, z. B. Messina 1908, von verheerender Wirkung waren, fehlten dagegen. Dem Hauptbeben folgte mit erlahmender Stärke ein Schwärm von Nachstößen bis ins nächste Jahr.

Die Stärke der Zerstörung war von der Beschaffenheit des Untergrundes abhängig. Auf anstehendem Fels und dünner Verwitterungsdecke blieben die Schäden gering. Am stärksten wurden die Schwemmlandgebiete betroffen, wo sich der Boden infolge der Rüttelbewegungen unter Austritt von Grundwasser setzte. Erdrutsche entstanden, streckenweise war die Talaue in ein Haufwerk von Schollen zerlegt.

Beim Beben wurde längs einer 900 km langen, etwa der Küste parallelen Fuge, der sog. San-Andreas-Linie, der Küstenstreifen Kaliforniens relativ zum Festlandsinnern um 1-6m gegen NW versetzt. Von dieser Linie waren die Erderschütterungen ausgestrahlt, das ging aus der Bindung der Gebiete stärkster Zerstörung an ihren Verlauf hervor. Genauere Untersuchungen zeigten, daß die San-Andreas-Linie samt ihren Begleitern eine alte Bewegungsbahn darstellt. Auf insgesamt 3400 km Länge durchzieht sie den Felsgrund des westlichen Nordamerika als eine steilstehende, km-breite Zone zerrütteten Gesteins. Seit langem sind an ihr Seitenverschiebungen im Gange, die stets im gleichen Sinne gerichtet waren. Für das letzte Jahrhundert ist außer mehreren, mit Erdbeben verknüpften Rucken eine stetige Verbiegung um etwa 5cm/Jahr festgestellt. Pleistozäne Täler sind je nach Alter bereits um 1-20 km versetzt. Für die Zeit seit dem Jungtertiär mag der Verschiebungsbetrag 250 km erreichen."
(Brinkmann, Abriß der Geologie, S. 108-110)

2. Definition von Erdbeben und Charakterisierung von Beben

2.1 Definition von Erdbeben

Eine allgemeine Definition von Erdbeben lautet wie folgt: „Erdbeben sind durch plötzliche Massenversetzungen ausgelöste Erschütterungen in der Erdkruste. Frei werdende Energien erzeugen allseitig sich vom Erdbebenherd ausbreitende Longitudinal- und Transversalwellen." (Wilhelmy, Geomorphologie in Stichworten, Bd. I, S. 93). Erschütterungen des Erdbodens sind häufig von unterirdischen Geräuschen begleitet sowie mit der Bildung von Erdspalten, mit Schlamm-, Wasser- und Gasausbrüchen und außerdem mit Senkungen, Rutschungen und Bergstürzen verbunden.

2.2 Unterschiedliche Arten von Beben

Je nach Entstehung bzw. der Auslösungsursache unterscheidet man Vulkanische Beben, Einsturzbeben und Tektonische Beben.

Vulkanische Beben (7 % aller Beben) sind durch Explosionen des Magmas ausgelöst und an vulkanische Erscheinungen gebunden. Sie sind meist Vorboten und Begleiterscheinungen von vulkanischen Eruptionen.

Einsturzbeben (3 % aller Beben) werden durch den Einsturz unterirdischer Hohlräume verursacht (z. B. im Karst bricht ein unterirdischer Hohlraum zusammen, weil dessen Decke zu dünn geworden ist, um sich selbst tragen zu können). Die Erschütterung und Reichweite dieser Beben sind relativ gering.

Die überwiegende Anzahl der Beben sind Tektonische Beben. Tektonische Beben werden nach der oben angeführten Definition von Erdbeben durch ruckartige horizontale und vertikale Krustenbewegungen in der Erdkruste hervorgerufen.

2.3 Geographische Lage der Beben

Je nach geographischer Lage des Bebenherdes unterscheidet man Landbeben und Seebeben.

2.4 Entfernung des Beobachtungsortes vom Epizentrum

Aufgrund der Entfernung des Beobachtungsortes vom Epizentrum unterscheidet man Ortsbeben, Nahbeben (bis 600 km) und Fernbeben (bis 10.000 km). Der Erdbebenherd wird Hypozentrum genannt und die auf den gleichen Erdradius liegende Stelle an der Oberfläche Epizentrum.

2.5 Abstand zwischen Hypozentrum und Epizentrum

Nach dem Abstand zwischen Hypozentrum und Epizentrum unterscheidet man die Herdtiefe. Dementsprechend unterteilt man in Flachbeben (5-60 km), Mittelbeben (60-300 km) und Tiefbeben (300-700 km).

Tiefbeben kommen nur im zirkumpazifischen Raum und im mittelmeer-transasiatischen Raum vor. Die zirkumpazifische Erdbebenzone erstreckt sich von Neuseeland über die Tingainseln über die Philippinen nach Japan, über die Aleuten nach Alaska, über Britisch-Kolumbien nach Kalifornien bis Mittelamerika, über die gesamten Anden bis zu den südlichen Antillen. Die mediteran-transasiatische Erdbebenzone reicht vom Mittelmeer über den Balkan nach Kleinasien bis zum Himalaya und findet dort Anschluss an die zirkumpazifische Erdbebenzone.

2.6 Stärke des Bebens

Nach der Stärke des Bebens unterscheidet man Kleinbeben, Mittelbeben, Großbeben und Weltbeben. Zur Messung der Stärke sind hauptsächlich zwei Skalen gebräuchlich: die Mercalli-Skala und die Richter-Skala.
Die Mercalli-Skala beruht auf einer Schätzung der Bebenstärke. Die Intensitätseinschätzung geht dabei von I bis XII.
Die Richterskala beginnt bei 0,1 und ist nach oben hin offen. Der Wert 9 wurde allerdings noch nie überschritten. Die Bebenstärke wird durch die Werte der Magnitude (Erdbebengröße) dargestellt. Es wird versucht die freigesetzte Energie im Erdbebenherd in einer logarhytmischen Skala darzustellen. In die Berechnung gehen im Wesentlichen folgende Faktoren ein: die Ausschlagsweite des Seismographen, die Entfernung der Station zum Erdbebenherd, die Herdtiefe sowie die empirisch ermittelte Konstante für den Untergrundeinfluss.

3. Tektonische Beben

3.1 Ursache tektonischer Beben

Die meisten Beben werden durch tektonische Bewegungen und Verschiebungen der Erdkruste verursacht und zwar weniger bei Faltungsvorgängen, d. h. bei fließender Tektonik, sondern vielmehr bei Zerreiß- und Verschiebungsbewegungen, also bei brechender Tektonik.

Die Verschiebungsfläche selbst ist in ihrer ganzen Ausdehnung Bebenherd, der von vielen Kilometern Tiefe bis zur Erdoberfläche reichen kann, so dass die Verschiebung und ihr Betrag unmittelbar beobachtet werden können (z. B. 7 m horizontaler Verschiebungsbetrag bei der San-Andreas-Seitenverschiebung in Kalifornien im Jahr 1906). Neben Seitenverschiebungen sind Abschiebungen für die tektonischen Beben verantwortlich (z. B. Oberrheingraben, Ostafrikanisches Grabensystem).

Nach Steinert gibt es drei mögliche Quellen der Bebenenergie:
- Aus radioaktivem Gestein entsteht durch Zerfall Wärmeenergie.
- Im Erdinneren wird durch langsame Kristallisation laufend Energie frei.
- Auch eine einfache Schrumpfung der Erde durch Abkühlung gegenüber dem Weltraum ist ein Energie liefernder Prozess.

Durch das plötzliche Freiwerden von Energie speichern sich in der Erdkruste elastische Spannungen. Überschreiten diese die Festigkeitsgrenze der Erdkruste, so entsteht eine Bruchfläche, an der die Gesteinsmassen in die Ruhelage zurückschnellen. Die angesammelte Energie strahlt als Bebenwelle vom Herd nach allen Seiten aus.

3.2 Messung von Beben

Die von Menschen wahrgenommenen Erschütterungen können durch makroseismische Beobachtungen wahrgenommen werden. Für die Beschreibung der örtlichen Erdbebenstärke wird die zwölfteilige Mercalli-Skala benutzt, die neuerdings durch die Richterskala abgelöst wurde. Die Linien gleicher Erschütterungsmerkmale, Isoseisten, verbinden auf einer Karte Orte gleicher Bebenstärke miteinander und liegen mehr oder weniger konzentrisch um den Bebenherd herum.

An das makroseismische Gebiet schließt sich das mikroseismische Gebiet an, in dessen Gebiet die Erschütterungen nur mit Hilfe von Instrumenten (Seismographen) festgestellt werden können. Die Aufzeichnungen der Bodenerschütterungen im so genannten Seismogramm sind für die Erforschung des Erdaufbaus von größter Bedeutung. Auch Aussagen über tektonische Bewegungen im Untergrund lassen sich daraus ableiten.

Nachfolgend soll die Funktion eines Seismographen beschrieben werden: Für die Messung der Bodenerschütterung ist ein gegenüber dem Erdboden ruhender Vergleichspunkt nötig. Dieser ruhende Vergleichspunkt wird durch ein ruhendes Pendel (träge Masse) dargestellt. Damit sich diese Masse bei Erschütterungen nicht bewegt, wird sie mit dem Erdboden so locker wie möglich durch ein Gestell verbunden. Aufgrund der physikalischen Trägheit bleibt die Masse bei Erschütterung in Ruhe, während der Bodenpunkt sich ändert. Dieser Abstand von dem sich ändernden Bodenpunkt zur trägen Masse wird berechnet. Dabei unterscheidet man Vertikalseismographen (welche vertikale Bewegungen registrieren), die die lockere Verbindung zwischen Pendel und dem Erdboden durch eine Spirale (Gehäuse) oder Blattfedern herstellen und Horizontalseismographen (welche horizontale Bewegungen registrieren), die dem Prinzip nach einfache Fadenpendel oder drehachsenähnliche Neigungsmesser sind. Um Eigenschwingungen (Resonanzen) der trägen Masse zu verhindern, muss ein Dämpfer eingebaut werden (z.B. Luft, Flüssigkeit, Wirbelstrom). Da die Abstandsänderung (Bodenbewegungen) sehr gering ist, muss sie vergrößert werden. Dies geschieht durch elektrische Vergrößerungssysteme (Umwandlung der mechanischen Bewegungen in elektrische Ströme). Zur Aufzeichnung verwendet man geeignete Magnetbänder.

3.3   Verschiedene Bebenwellen

Die durch den Verschiebevorgang auftretende Spannungsenergie breitet sich in Form von seismischen Wellen aus. Dabei unterscheidet man in festen Körpern P-Wellen (primae undae) als longitudinale Wellen (Verdichtungswellen), bei denen die Materienteilchen in der Fortpflanzungsrichtung schwingen, wobei Verdichtungen und Verdünnungen hintereinander erfolgen. Hierbei treten in einem Körper lokale Volumenveränderungen auf.

Die zweite grundsätzliche Wellenart, die in festen Körpern auftritt, sind die S-Wellen (secundae undae). Sie sind transversale Wellen (Scherungswellen), bei denen die Partikel des Erdkörpers senkrecht zur Fortpflanzungsrichtung hin und her schwingen. Hierbei ist jede Schwingungsrichtung senkrecht zur Fortpflanzungsrichtung möglich. Diese S-Wellen bewirken in einem Körper Formveränderungen beim Durchgang. P-Wellen breiten sich schneller aus als S-Wellen, weil der Widerstand gegenüber Volumenveränderungen größer ist als der gegenüber Formveränderungen. Gase und Flüssigkeiten setzen Formveränderungen keinen Widerstand entgegen, daher gibt es dort auch keine S-Wellen. P-Wellen treffen eher am Beobachtungsort (Seismogramm) ein als S-Wellen. P-Wellen und S-Wellen werden zusammen auch Raumwellen genannt.

Neben diesen beiden Wellen gibt es noch Oberflächenwellen, die sich nur entlang der Erdoberfläche ausbreiten (oft mehrmals um die Erde, bei starken Beben in alle Richtungen aufgrund der Dispersionsabhängigkeit der Fortpflanzungsgeschwindigkeit von der Frequenz). Die Frequenz ist von der Schichtdicke abhängig. Je dichter die Schicht, desto niedriger die Wellenlänge und desto niedriger die Frequenz). Dadurch ist die Umlaufzeit unterschiedlich (2-3 Stunden). Die Oberflächenwellen können keinen Körper durchqueren.

Da die Laufgeschwindigkeiten der P- und S- Wellen vom Hypozentrum nicht konstant sind, verlaufen sie nicht geradlinig, sondern auf gekrümmten Wegen. Die Geschwindigkeit der P- und S-Wellen nimmt mit zunehmender Tiefe zu bis zur Kern-Mantel-Grenze (zunehmende Dichte und Druck). Bei stärkeren Geschwindigkeitsänderungen wie z. B. bei den Grenzen Kruste-Mantel oder Mantel-Kern, also bei Diskontinuitäten, treten zusätzliche Reflexionen auf. Auch an der Erdoberfläche werden die von unten kommenden Wellen reflektiert.

Aufgrund der Tatsache, dass keine Transversalwellen im Erdkern beobachtet worden sind, nimmt man an, dass im Erdkern eine Zustandsänderung (flüssig) eingetreten ist.

3.4   Zeitliche und räumliche Verbreitung von Beben

Erdbebenherde sind meistens an junge geologische Bruchzonen gebunden, die oftmals außerdem isostatische Anomalien aufweisen. Erdbeben sind nicht unmittelbar an die Faltungsvorgänge geknüpft, obgleich zahlreiche Erdbeben im Bereich der großen Faltungsgürtel der Erde auftreten, sie stehen eher mit Bruchzonen im Zusammenhang, die sich im

Gefolge dieser Faltungen ereignen. Beispiele sind die zirkumpazifischen Tiefseegräben und die großen Seitenverschiebungen, bei denen sich ein Zusammenhang zwischen junger Tektonik und Erdbeben erkennen lässt.

Längs der San-Andreas-Seitenverschiebung werden nun Verschiebungsbeträge von 5-40 cm jährlich beobachtet. Häufig begleiten Erdbeben die teilweise ruckartigen Bewegungen. Es wurden aber auch Vertikalverschiebungen festgestellt, so im Mimo Oraz Becken in Japan 1891. Es kann außerdem zur Änderung des Wasserstandes von Seen und des Grundwasserspiegels kommen.

Plötzlich auftretende tektonische Beben am Meeresboden verursachen Seebeben. Infolge der Erschütterungsübertragung auf das Wasser und möglicher Reliefverschiebungen am Meeresboden entstehen bei starken Seebeben seismische Wogen (so genannte Tsunami-Wellen). An der Küste führt dies zu einer starken Strandung, wobei in sehr extremen Fällen Wellen bis zu 60 Meter Höhe und einer Geschwindigkeit von bis 700 Kilometer in der Stunde entstehen können.

Die jährliche Zahl der Beben wird von Brinkmann auf 300.00 geschätzt. Dabei gibt es folgende typische Bebengürtel:

- Stiller Ozean
- Indonesischer Archipel über das Mittelmeergebiet bis Madeira (an tiefere Beben-
  herde gebunden)
- Mittelschwellen der Ozeane (Flachbeben)

Die räumliche Verbreitung der Erdbebentätigkeit zeigt die folgende Abbildung (entnommen aus: Brinkmann, Abriß der Geologie, Bd. I, S. 116):

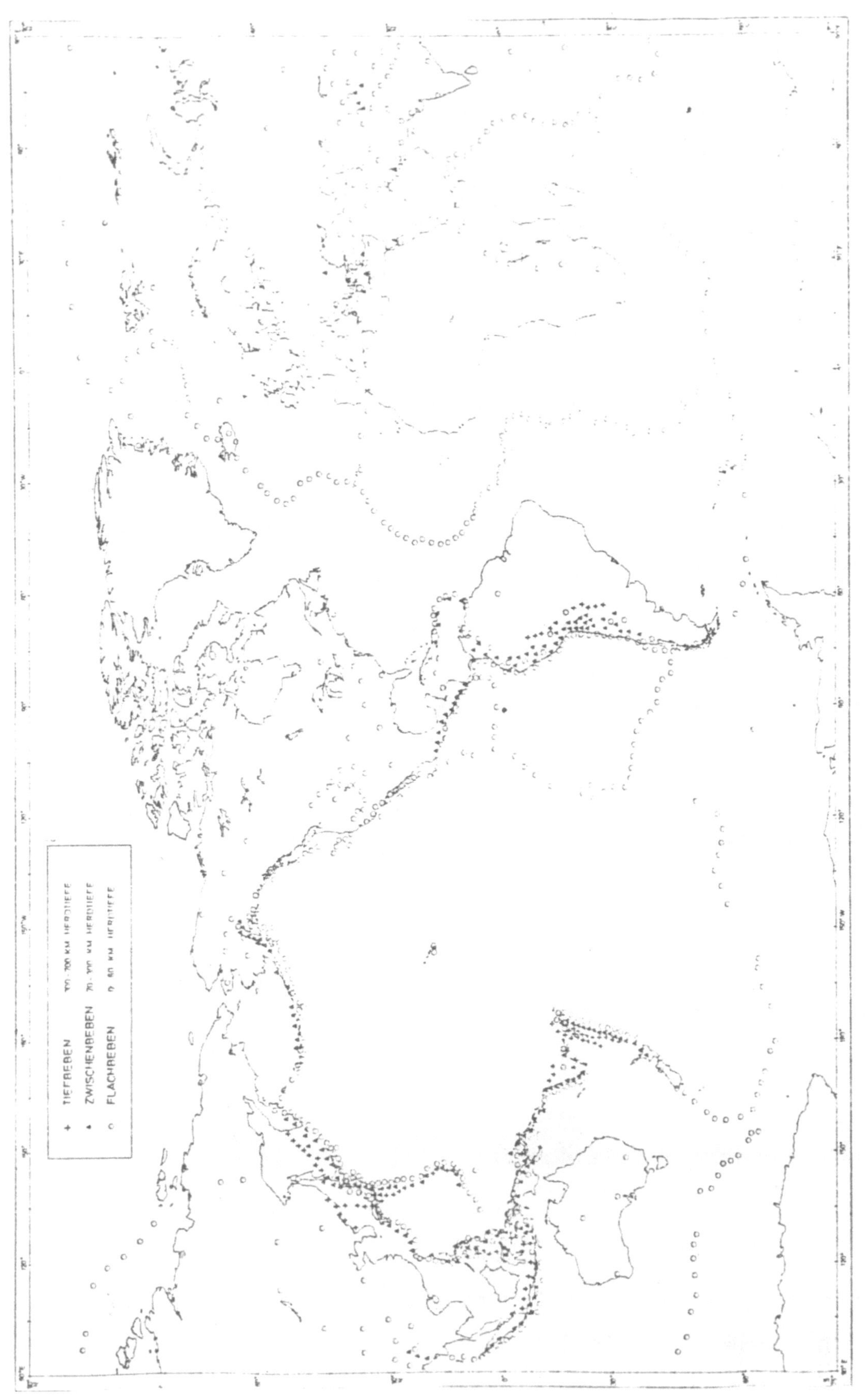

4. Erdbebenforschung (angewandte Seismik)

4.1 Nutzen der Erdbebenforschung

Erdbeben haben verheerende Wirkungen. Andererseits geben sie uns aber wichtige Einblicke in den Aufbau des Erdballs und anhand der Laufzeiten der Erdbebenwellen kann man feststellen, welche Gesteine sie durchlaufen haben. Ferner geben sie uns Auskunft über Lagerstätten von Erdöl und Erdgas. In der Erdölsuche stellt man durch Sprengungen sogar künstliche Beben her. Dies ist zur genauen Ortung wichtig, da das Erdöl im Gestein wandert.

4.2 Anzeichen von Erdbeben

Man unternimmt heute große Anstrengungen, um Anhaltspunkte für das Nahen eines Erdbebens zu finden, damit durch Evakuieren wenigstens die Bevölkerung geschont werden kann. Einige solche (wissenschaftliche) Anhaltspunkte sind:

- vor einem großen Erdbeben ist eine Zunahme von kleinen Erdbebenschwärmen auszumachen, im großen Erdbebengebiet häuft sich die Spannung
- physikalische Eigenschaften der Gesteine ändern sich:
- das elektrische und magnetische Erdfeld verändert sich
- der Gasgehalt der Bodenluft steigt an
- die Beschleunigung der Kriechbewegungen im Gestein vor dem Ausbruch nimmt zu
- es findet eine Änderung des elektrischen Widerstandes im Boden senkrecht und parallel zur Hauptspannungsrichtung statt
- die Leitfähigkeit der Gesteine im Bebenherd (P- Wellen) nimmt bis zu 20 % ab
- das Öffnen neuer Klüfte im Gestein vor der Spannungsentladung verursacht Wasserstandsschwankungen
- es macht sich eine ganz geringe Kippung der Erdoberfläche bemerkbar

4.3 Maßnahmen gegen Erdbeben

Um die verheerenden Schäden von Erdbeben zumindest etwas abzumildern, beschreitet man verschiedene Wege. So wird speziell in Erdbebengebieten nach Möglichkeit vermieden, auf lockeren Aufschüttungen oder künstlichen Auffüllungen zu bauen. Auf solchen Böden wirkt ein Erdbeben bis zu drei Grade nach Mercalli stärker. Es werden breite Straßen gebaut, damit nicht ein einstürzendes Haus ein anderes auf der anderen Straßenseite mit zerstört. Außerdem baut man möglichst nur wenige Stockwerke aufeinander. Bei der Bauweise selbst benutzt man die Beton-Skelett-Bauweise mit Bewehrung aus nicht rostendem Stahl.

Die wirksamste Art der Bekämpfung ist jedoch, von vorneherein das kommende Beben abzuschwächen. Man geht dabei so vor, dass man in Erdbebengebieten intensivster Ausprägung Löcher in den Erdboden bohrt und in diese Wasser presst. Da eingepresstes Wasser wie eine Art Schmiermittel in der Erdkruste wirkt, werden angestaute Spannungen ausgelöst. Die große Katastrophe wird somit verhindert, dafür nimmt man mehrere kleinere von Menschenhand ausgelöste Erdbeben in Kauf.

5. Literaturangaben

Brinkmann, R., Abriß der Geologie, Bd. I, Allgemeine Geologie, Stuttgart 1975.

Egyed, L., Die Erdbeben und die Erde, Budapest 1971, (Kleine Naturwissenschaftliche Bibliothek, Reihe Physik, Bd. 14).

Frey, G., (Hrsg.), Naturkatastrophen 1, Stuttgart 1975 (Lesehefte Geographie).

German, R., Einführung in die Geologie, Stuttgart 1979 (Bd. II Geo-Wissenschaften).

Kirsch, H., / Maurer, R., /Schmidt-Kochl, W., u. a., Fachbegriffe der Geographie, Frankfurt 1981, (Studienbücher Geographie Bd. I und II).

Kugler, H., / Schwab, M., / Billwitz, K., Allgemeine Geologie, Geomorphologie und Bodengeographie, Leipzig 1980, (Studienbücherei Geographie für Lehrer Bd. IV).

Louis, H., / Fischer, K., Allgemeine Geomorphologie, Berlin und New York 1979 (Lehrbuch der Allgemeinen Geographie Bd. I).

Richter, M. / Richter, D., Geologie, 4. Auflage Braunschweig 1981 (Westermann: Das Geographische Seminar).

Steinert, H., Erdbeben, Bern 1979 (Hallwag Taschenbuch, Bd. 142 Geographie).

Wilhelmy, H,, Geomorphologie in Stichworten, Bd. I, Endogene Kräfte, Vorgänge und Formen, Kiel 1981.

Wunderlich, H.-G., Einführung in die Geologie, Bd. II, Endogene Dynamik , Mannheim 1968.